AF582399

CONCOURS

de la Société centrale d'Agriculture du département de l'Yonne
et de la Société d'Agriculture et d'Industrie
de l'arrondissement d'Avallon.

(Août 1880.)

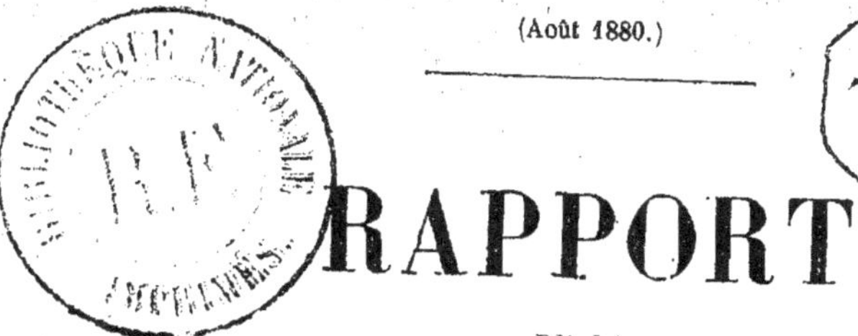

RAPPORT

DE LA

COMMISSION DE L'ENSEIGNEMENT AGRICOLE

AU CONCOURS D'AVALLON

PAR

M. DE BOGARD

MEMBRE DE LA SOCIÉTÉ CENTRALE D'AGRICULTURE DU DÉPARTEMENT DE L'YONNE,
DU COMICE AGRICOLE ET VITICOLE DE L'ARRONDISSEMENT D'AUXERRE,
ET DE LA SOCIÉTÉ DES AGRICULTEURS DE FRANCE,
OFFICIER D'ACADÉMIE.

AUXERRE
IMPRIMERIE DE GEORGES ROUILLÉ

1881

Extrait du *Bulletin de la Société centrale d'Agriculture de l'Yonne* de 1880.

RAPPORT

DE LA

COMMISSION DE L'ENSEIGNEMENT AGRICOLE

AU CONCOURS D'AVALLON,

PAR

M. DE BOGARD,

MEMBRE DE LA SOCIÉTÉ CENTRALE D'AGRICULTURE DE L'YONNE,

Officier d'Académie.

Messieurs,

La commission chargée, par la société centrale de l'Yonne pour l'encouragement de l'agriculture, — en 1857, à son début, — de parcourir le département en tous sens, de s'enquérir des besoins de l'agriculture, de signaler les améliorations agricoles et viticoles réalisées ou à affectuer, a été saisie, en pénétrant dans l'Avallonnais, notamment dans la partie de l'arrondissement d'Avallon dite : le Morvan, par l'aspect sévère et cependant gracieux de la contrée ; par la variété et la beauté des sites ; par la puissance de la nature dispensant aux plantes cultivées ou végétant d'elles-mêmes dans les prés, dans les forêts, sur les terrains en friche, une sève exhubérante.

Elle fut aussi frappée du caractère sérieux et accueillant, laborieux, énergique et patient, de la population.

Les délégués, au nombre desquels on comptait notre actif collègue, récemment décédé, et à juste titre regretté, M. Picard, furent impressionnés favorablement ; ils augurèrent bien de l'avenir de l'agriculture dans l'arrondissement d'Avallon.

Cette prévision se réalisa et, en 1875, M. Picard, à la mémoire duquel vous me permettrez, Messieurs, de donner ici un souvenir particulier, — sa bienveillance depuis notre rencontre en 1857 jusqu'à sa mort ne m'a jamais fait défaut, — constatait avec moi, avec nos nouveaux collègues, que le progrès était considérable : les terrains cultivés, donnant un faible produit, et un grand nombre de terrains en friche étaient heureusement transformés en terres arables fertiles, en prairies verdoyantes, en gras pâturages.

Les agriculteurs, s'inspirant des procédés pratiqués par quelques propriétaires, entr'autres par M. Cordier, de Montjalin, s'étaient mis à l'œuvre ; leurs efforts furent couronnés par le succès qu'ils sont disposés à poursuivre encore et que, certainement, en travaillant ils atteindront de nouveau : le succès est le fruit du travail, ils sont laborieux.

Je dois vous parler de l'enseignement agricole, Messieurs, et je vous entretiens du mouvement agricole, je ne suis qu'en apparence en dehors du sujet.

Ce qui a eu lieu, ce que je viens de rappeler pour l'agriculture, s'est passé, a lieu, pour l'enseignement agricole.

La commission de la visite des exploitations concourant à la prime d'honneur, en 1875, distingua, dans une ferme située sur le territoire de Sainte-Colombe, le troupeau, assez nombreux et en bon état, de bêtes ovines, confié à la vigilance du jeune Benoît, fils d'un fermier. Elle reconnut que cet enfant étudiait ses leçons en veillant sur les animaux au pâturage, je signalai ce fait dans mon rapport à titre de bon exemple à divulguer, à recommander (1). Cet exemple touchait, heureux pronostic, à la solution — vers laquelle tendent nos vœux, notre activité, nos encouragements. — du problème suivant, qui, nous y comptons bien, sera résolu d'une manière satisfaisante pour tout le monde : Donner aux enfants des campagnes une éducation en rapport avec la situation de leurs parents, en combinant les heures consacrées à l'étude des leçons, de présence à l'école, avec le temps durant lequel ces enfants devront, selon leur âge, commencer leur apprentissage de cultivateur en se rendant utiles dans la maison paternelle, ou dans les champs.

La proclamation des lauréats du concours d'enseignement agricole révéla que le jeune Benoît était classé le troisième parmi les concurrents du canton de l'Isle-sur-Serein et qu'il était arrivé le second de l'école de Sainte-Colombe, dont l'élève Sureau Jean-Joseph-Ernest, premier en ligne, remportait le prix d'arrondissement.

A cette même époque, le vénérable président du Comice agricole d'Avallon, M. Béthery de la Brosse, disait dans son discours, alors que les prix allaient être distribués : «..... La Société centrale nous a fourni les moyens « d'étendre notre programme, et nous nous sommes « empressés d'en profiter. Un concours, ouvert sur des « questions d'agriculture entre les jeunes garçons, et « d'économie rurale entre les jeunes filles, a eu lieu dans « chaque canton de l'arrondissement, et cette épreuve, « quoique nouvelle et en quelque sorte improvisée, a

(1) *Bulletin de la Société centrale d'Agriculture de l'Yonne*, année 1875, p. 51 et suiv. — *Bulletin annuel du Comice agricole de l'arrondissement d'Avallon*, p. 54 et p. 86.

« donné des résultats qui ont dépassé nos espérances.
« Sans doute il s'est trouvé des devoirs faibles, mais
« beaucoup nous ont offet un véritable intérêt (1). »

Le programme avait limité l'âge des concurrents entre 12 et 14 ans.

Les résultats qui, — de même que les constatations de 1857 pour l'agriculture, — dépassaient les espérances, éclairèrent, relativement à l'enseignement agricole, la situation de l'arrondissement d'Avallon et firent concevoir les prévisions les plus favorables.

Cinq années se sont écoulées, Messieurs, depuis que nous avons passé à Avallon, et les maîtres et les élèves sont surpris par les modifications importantes introduites dans le programme du concours par des innovations. En effet, la Société centrale d'agriculture de l'Yonne, à l'instar du Comice agricole et viticole de l'arrondissement d'Auxerre, ne se contente plus de décerner des prix aux instituteurs signalés comme ayant donné avec zèle, efficacement, l'enseignement agricole ; elle ne se contente plus d'appeler les élèves des diverses écoles à concourir en leur offrant des prix d'arrondissement, — un pour les garçons, un pour les filles, — et des prix cantonaux. Elle invite maintenant les élèves des écoles de toutes les communes de l'arrondissement à concourir entre elles, et, en outre, elle ouvre un concours des plus utiles, des plus intéressants, entre les instituteurs auxquels elle trace le canevas qu'ils devront remplir après avoir étudié tout ce qui a rapport à l'agriculture dans le canton, dans la commune où ils résident.

(1) *Bulletin annuel du Comice agricole de l'arrondissement d'Avallon*, p. 79, année 1875.

L'enseignement agricole étant désormais obligatoire dans les écoles primaires, les enfants de chaque classe devant le recevoir, le cours doit être divisé rationnellement, comme pour les autres matières du programme des études, en 1re, 2me, 3me classe ou année. Il convenait donc de régler, dès à présent, les conditions du concours sur un sujet agricole, horticole ou d'économie rurale, en les mettant à la portée de chacune de ces classes, créées ou à créer. C'est à cette fin que les concurrents ont été répartis en trois catégories : 1re, les élèves de 10 à 12 ans ; 2me, les élèves de 12 à 14 ans ; 3me, les élêves de 14 à 16 ans.

L'arrondissement d'Avallon est partagé en 5 cantons, comprenant dans leur ensemble 72 communes, sur lesquelles 29, un peu plus du tiers, ont envoyé des élèves au concours, soit :

131 garçons dont	57 de 10 à 12 ans,
	45 de 12 à 14 ans,
	29 de 14 à 16 ans ;
72 filles dont	41 de 10 à 12 ans,
	22 de 12 à 14 ans,
	9 de 14 à 16 ans.
Total....	203 élèves.

Je n'ai pas besoin de vous dire, Messieurs, que ces 203 compositions ont été lues et classées avec une scrupuleuse attention.

Voici les noms des communes dont les enfants se sont réunis au chef-lieu de leur canton afin de concourir ; je les groupe par canton et en suivant l'ordre alphabétique :

Canton d'Avallon. — Annay-la-Côte, Girolles, Magny et son hameau de Marrault, Sermizelles, Tharot.

Canton de Guillon. — Guyon, Montréal, Savigny-en-Terre-Plaine, Vassy, Etaules.

Canton de l'Isle-sur-le-Serein. — Civry, Coutarnoux, l'Isle, Sainte-Colombe.

Canton de Quarré-les-Tombes. — Quarré-les-Tombes, Saint-Brancher, Saint-Germain-des-Champs, Saint-Léger, Sainte-Magnance.

Canton de Vézelay. — Asnières, Asquins, Brosses, Châtel-Censoir, Domecy-sur-Cure, Saint-Moré, Tharoiseau, Vézelay, Voutenay.

Les compositions reçues en 1875 étaient au nombre de 215 : malgré la petite différence que nous regrettons, 12 en plus qu'aujourd'hui, nous sommes autorisé à penser que dans cinq ans, lorsque la Société centrale reviendra à Avallon, les chiffres de 1875 et de 1880 seront de beaucoup dépassés. Nous étayons cette croyance sur ce que l'examen des compositions permet de dire que, à l'exception de quelques-unes faites à moitié, ou dont les auteurs ne se sont pas suffisamment pénétrés des questions pour y répondre sans sortir du sujet, l'ensemble est satisfaisant. Notre espoir s'appuye aussi sur la preuve fournie par les travaux des instituteurs, montrant que ceux-ci comprennent leur mission et ne reculent devant aucun labeur pour acquérir la connaissance des nécessités locales, en un mot, l'expérience sans laquelle il est certain qu'ils parviendront difficilement à rendre leur enseignement agricole intéressant et pratique. J'aurai l'occasion de revenir sur ce point important, en vous parlant, Messieurs, des travaux que les instituteurs vous ont soumis.

La commission n'avait pas, Messieurs, à comparer entre elles les compositions des garçons et celles des filles traitant de sujets distincts ; elle a toutefois remarqué que celles-ci étaient rédigées plus couramment et dénotaient un esprit d'ordre en quelque sorte inné, une mémoire mieux cultivée, secondée par une intelligence précoce. Il ne faudrait pas tirer de ce fait — depuis longtemps constaté et souvent rappelé, — une conclusion défavorable aux écoles de garçons : le caractère des enfants des deux sexes, la direction de leurs études, les occupations de chacun d'eux en dehors de la classe, sont très différents. Les leçons de l'institutrice sont plus en rapport avec les leçons de choses que donnent à l'enfant les occupations habituelles de la mère de famille, que celles de l'instituteur ne sont en rapport avec le mouvement journalier du père de famille ; il suit de là que le niveau des études, la maturité des idées, l'expression de la pensée, doivent différer, et, ceci, d'autant plus que cette inégalité de développement est en corrélation avec l'ordre naturel. Il ressort toutefois de cette observation, sur laquelle on ne saurait trop insister, la démonstration de la nécessité d'inviter les instituteurs, les institutrices, à se tenir au courant des habitudes des populations rurales au milieu desquelles ils sont appelés à vivre, des habitudes locales, tant au point de vue de la culture que de l'économie domestiqne, à constater ce que les habitudes ont de bon ou de défectueux. La tenue des écoles en profiterait. Les maîtres pourraient ainsi, sans s'écarter du programme des études dans les écoles primaires, approprier leur méthode d'enseignement aux besoins locaux, en se servant comme exemples, comme leçons de choses, de tout ce qui entoure leurs élèves, qu'il y ait lieu de maintenir, de perfectionner un mode de culture, un usage, ou qu'il soit à propos de modifier ou de détruire au profit de la culture, de la manière de vivre, ce qui existe.

En procédant ainsi, Messsieurs, selon notre désir ardent, fréquemment exprimé, on élèvera le niveau des études primaires sans fatiguer les enfants, avec moins de fatigues pour les maîtres. Suivre les travaux agricoles, recueillir les documents de la statistique agricole et agronomique de leur circonscription sera pour ceux-ci une distraction, pourquoi ne dirais-je pas une satisfaction, puisque, par cette étude qui fortifiera leurs connaissances ou en augmentera la somme, ils accroîtront la confiance que les familles ont en eux et seront assurés de faire le bien.

Il me reste, Messieurs, avant de passer en revue les nombreux travaux des instituteurs, à relater quelques sujets de compositions. Voici ceux dictés par les personnes chargées de présider, dans les chefs-lieux de cantons, la réunion des élèves venus, le 12 août, de diverses communes à l'effet de prendre part au concours.

Garçons de 10 à 12 ans :

> A quoi servent au cultivateur la charrue, la herse, le rouleau, la batteuse, le tarare ?

Garçons de 12 à 14 ans :

> De l'utilité des labours. Signaler l'avantage et les inconvénients des labours profonds. Des diverses façons complémentaires du labourage jusqu'à la récolte.

Garçons de 14 à 16 ans :

> Des prairies naturelles et artificielles, des soins et des engrais qu'elles réclament. Indiquer les meilleures époques pour emblaver les prairies artificielles et pour couper leur fourrage en leur conservant toute leur valeur nutritive.

Filles de 10 à 13 ans.

Quelle nourriture donne-t-on au porc depuis le premier âge jusqu'au moment où on le tue? Que fait-on de son sang, de sa viande, de sa graisse, de ses entrailles et comment conserve-t-on ces produits pour le ménage ?

Filles de 12 à 14 ans.

Quelles sont les meilleures conditions d'installation et d'hygiène d'une étable? Indiquer quels soins et quelle alimentation réclame la vacherie.

Filles de 14 à 16 ans.

Du poulailler et des soins à donner aux poules, oies, dindons, canards.

Des couvées et de l'alimentation du premier âge; des précautions à prendre contre les maladies qui atteignent ces volatiles.

Parmi les développements des sujets traités dans les compositions, à l'Isle-sur-le-Serein, par les garçons, nous trouvons la description des principales plantes potagères cultivées dans la localité, et des arbres du pays, etc.; et dans les compositions des filles, l'énoncé de la nourriture que l'on donne aux vaches, aux porcs, aux poules, aux lapins, et du parti que le cultivateur tire de ces animaux.

Toutes les questions ont été posées, aussi bien pour les filles que pour les garçons, d'une manière générale, c'est-à-dire, de telle sorte, que la mémoire avait besoin, pour y répondre, que la réflexion lui vînt en aide. Les meilleures compositions sont celles rédigées par les élèves qui ont pris l'habitude de coordonner les idées, de raconter simplement, dans leur langage, ce qu'ils ont appris.

Quant aux sujets traités, ils ne sont pas à un même degré de la compétence des élèves des deux sexes ; il en est, cependant, qui, tels que la tenue de la basse-cour et la mise en état de culture, en rapport du jardin potager, doivent fixer l'attention de tous.

La commission de l'enseignement agricole, a dû se livrer, Messieurs, a un travail suivi pour lire, pour apprécier et comparer les nombreux et importants mémoires, les différentes cartes, les cahiers, les collections et les tableaux scolaires dont elle a été saisie ; le rôle du rapporteur est, en conséquence, assez chargé. La commission et le rapporteur ne se plaignent pas, je suis tenté de dire : au contraire ; car l'étude attachante, le travail qui leur incombent prouvent, incontestablement, le succès de l'élan imprimé, jadis et maintenant, par les conseils, par les encouragements de la Société d'agriculture de l'arrondissement d'Avallon, et par ceux de la Société centrale d'agriculture du département de l'Yonne.

Les instituteurs dont les travaux, soit personnels, soit de leurs élèves, nous ont été remis, sont :

MM.

Riotte, d'Annay-la-Côte, canton d'Avallon ;
Jay, de Girolles, —
Sommet J., de Vézelay ;
Vallué, de Tharot, —
Sestre, de Thory, —
Vittureau, de Beauvilliers, c. de Quarré-les-Tombes.
Guilly, instituteur-adjoint, à Avallon ;
Tarteret, de Tizy, canton de Guillon ;
Gautrot, de Montréal, —

Roy, instituteur-adjoint, à Avallon ;

Marsigny, de Vassy, canton de Guillon, et ses élèves : Coïnt Eugène, Montcourant Hubert ;

Gerbeau fils, de Tharoiseau, canton de Vézelay ;

Château, de Blannay, —

Brunot E., de Cheuilly, commune de Cravant, canton de Vermenton ;

Moreau, de Mailly-la-Ville, canton de Vermenton ;

Sommet, de Merry-sur-Yonne, c. de Coulanges-sur-Yonne.

Vous savez, Messieurs, que le Comice agricole et viticole d'Auxerre a inauguré en 1875, à Vermenton, l'usage adopté et suivi depuis trois ans par la Société centrale d'agriculture de l'Yonne, à Auxerre, à Tonnerre et ici, d'ouvrir un concours spécial entre les instituteurs, en les invitant à rédiger une étude sur la situation agricole du canton qu'il habitent et sur les améliorations à y introduire ; que de plus, il a tout dernièrement demandé, pour la première fois, aux institutrices, de s'enquérir des habitudes locales, de ce qui pourrait être utile aux ménages des cultivateurs, et d'écrire un mémoire sur l'économie domestique dans la famile agricole rurale.

Les réponses faites à ces questions au concours de Coulanges-sur-Yonne, il y a huit jours, par quelques instituteurs et par l'une des institutrices du canton, ont été remarquées. Elles étaient très intéressantes, tant au point de vue de la statistique agricole et agronomique, des commentaires accompagnant les faits constatés, qu'à celui des détails pédagogiques sur les moyens pratiques à employer afin de donner aux élèves des écoles primaires rurales une éducation agricole.

Les travaux présentés par les instituteurs au concours

d'Avallon, ont aussi, pour la plupart, un cachet particulier qu'il convient de signaler. Ils démontrent, comme ceux dont le souvenir récent m'a porté à vous parler, le bon vouloir des maîtres, leur zèle studieux, la transition normale entre la direction imprimée à l'enseignement pour ainsi dire jusqu'à ce jour, et celle que le caractère agricole donné désormais aux études primaires, notamment dans les campagnes, nécessite d'adopter.

M. Riotte, instituteur à Annay-la-Côte, a entendu votre appel, Messieurs, et vous a adressé plusieurs rapports intitulés : 1° *Notice sur la commune d'Annay-la-Côte ;* 2° *De la race chevaline dans l'Avallonnais*; 3° *Protection des petits oiseaux*. Une *carte en relief, agricole et agronomique de la commune d'Annay-la-Côte* accompagne ces travaux.

La notice sur la commune d'Annay est historique, agricole et topographique. Je ne puis analyser la partie historique ; les faits y sont pressés, sobrement narrés, il me faudrait en reproduire les douze pages. Je n'en dirai que quelques mots. Le bourg d'Annay, connu en 634 sous le nom de *Auduniaca Colonia*, a subi des vicissitudes diverses jusqu'au jour où, en 1589, la ville fut prise par les ligueurs conduits par le capitaine Villeret de la Bussière, mise à feu et à sang et vit raser ses murailles. C'est vers l'an 1380 que le nom d'Annet, qui devint ensuite Annay, fut adopté.

La position d'Annay, les tumulus près des bois du Montoison, du Poroin, etc., et les objets trouvés dans le sol, font supposer que vers le ve siècle il existait un camp romain en cet endroit ; enfin les squelettes et les armes que l'on rencontre en fouillant le sol révèleraient, si on ne les connaissait pas, les luttes qui ont eu lieu dans les environs de ce pays.

Le mouvement de la population a été variable ; l'année où le nombre des habitants, 500, a été le plus élevé est 1826, il n'était que de 335 en l'an 1543 et maintenant il est monté à 427.

Le territoire d'Annay-la-Côte s'étend sur 1,268 hectares, dont 511 hectares sont couverts par des bois, 39 hectares ne sont encore que des friches et des broussailles ; il est cependant compté au nombre des privilégiés. Le sol y produit un peu de tout, sans toutefois que la moyenne soit élevée. Le vin d'Annet était réputé déjà vers l'an 1312 ; 97 hectares de vignes donnent encore aujourd'hui « des vins rouges d'excellente qualité, » et rendent environ 20 hectolitres, année commune, par hectare. La côte principale se nomme Rouvre; elle produit le meilleur vin de l'Avallonnais. « Cette côte appartient aux argiles supra-liasiques et est exposée au midi (1). Le plan cultivé est le pineau. »

Les habitants d'Annay-la-Côte travaillent dans les mines de ciment de Vassy ; ils exploitent des carrières, mais ils sont avant tout cultivateurs et vignerons.

Le sol était loin, il y a vingt-cinq ans, d'être aussi fertile qu'aujourd'hui. Les légumes, les prairies artificielles, les arbres fruitiers, tout enfin est cultivé avec une prévoyance et des soins qui assurent aux ménages, aux animaux de travail et de rente une récolte suffisante pour leurs besoins.

Il y avait jadis 300 brebis à Annay, on en compte à peine 30 ; c'est presque la disparition de l'espèce ovine.

(1) Voir la Carte agronomique et géologique de l'arrondissement d'Avallon, par M. l'ingénieur Belgrand, *Annuaire de l'Yonne*, 1851.

M. Riotte cherche la cause de cette modification radicale, de l'augmentation des sujets de l'espèce bovine. Il pense que le choix de celle-ci a lieu, en raison de sa rusticité et du produit qu'elle donne journellement. Ces motifs peuvent être exacts, mais il faut aussi croire que les progrès de la culture et, par suite, l'abondance de la nourriture permettant d'entretenir un bétail plus gourmand, procurant plus de bien-être, n'y sont pas étrangers. L'accroissement du nombre des porcs pour la consommation des habitants; celui de la basse-cour, de plus de moitié depuis 25 ans, dont 1,500 volailles; la création des prairies artificielles; la culture des légumes, et la récolte plus abondante du blé, sont des résultats vraiment remarquables, concluants. Tout se tient en agriculture, la moindre amélioration en amène sûrement une autre, de même que la négligence est toujours suivie d'un effet fâcheux.

Quoique les attelages, composés de chevaux ou de bœufs, soient assez forts pour traîner des instruments ayant la puissance d'action nécessaire pour ouvrir le sol et l'ameublir, le matériel agricole n'a guère été chargé. Quelques batteuses ont été introduites, des batteuses Montandon, que l'on met en mouvement en se servant d'un manége.

La commune d'Annay-la-Côte est favorisée. Placée sur le versant d'une colline, à une altitude assez grande, 310 mètres au-dessus du niveau de la mer, elle est alimentée « par de belles sources qui fournissent une eau d'une excellente qualité, provenant du plateau supérieur, (nord-est). » Cette eau, convenablement distribuée, satisfait à tous les besoins. Ajoutons, pour compléter ce tableau, que trois ruisseaux arrosent le territoire: Le ruisseau du

Bouchin, qui reçoit celui de Rieux et se jette dans le Cousin ; et le ruisseau de Bouche, qui traverse les bois communaux et se jette dans la Cure.

C'est dans les bois de la commune d'Annay que l'on tire les pierres percées, aux dispositions variées, recherchées par les jardiniers paysagistes.

En résumé, les habitants d'Annay, connaissant le prix des labeurs, la valeur du sol, s'adonnent, — en outre des travaux dans les usines de Vassy, dans les bois, ainsi que je l'ai rapporté plus haut – au travail des champs. Ils font produire à la terre : la vigne, les céréales, les arbres fruitiers, les plantes oléagineuses, les légumes qui leur sont nécessaires. Ils possèdent et entretiennent en bon état : des bêtes de trait, chevaux et bœufs, des animaux de rente tels que les vaches, les porcs, etc. ; leurs basses-cours sont peuplées.

Après avoir parcouru avec M. l'instituteur d'Annay la commune qu'il habite, nous allons procéder avec lui à l'examen de ce qui a rapport à l'espèce chevaline.

« Les deux contrées qui s'occupent de l'élevage des chevaux dans le département de l'Yonne sont : la Puisaye et l'Avallonnais. » Cette dernière seulement est l'objet du rapport de M. Riotte.

« Tous les chevaux élevés dans l'Avallonnais ne forment pas une race distincte comme dans certaines parties de la France. Ils sont le produit d'un croisement de la race indigène avec celle du sang percheron ou d'un demi-sang. »

Il existait autrefois dans l'Avallonnais une race de chevaux dite : du Morvan. Elevée en liberté dans les prés à l'état demi-sauvage, elle était nerveuse, de taille moyenne. Les marchands n'en recherchent plus les

2

sujets, aussi se perd-elle et ne rencontre-t-on plus que des animaux croisés avec le cheval percheron. Ce croisement pourrait bien devenir lui-même plus rare ; la tendance actuelle paraît être favorable au croisement avec le demi-sang.

En envisageant cette question au point de vue des ressources locales, du climat, de l'élevage par les cultivateurs, des besoins de la contrée et de la vente, M. Riotte ne pense pas que le cheval demi-sang fin, léger, ou demi-fin, puisse convenir. L'élevage se fait dans des conditions médiocres, et occasionnerait des déceptions, des pertes certaines. Il faut dans l'Avallonnais des chevaux de trait, bien proportionnés pour labourer, pour traîner ou pour retenir les charriots pesamment chargés, sur les chemins d'un pays accidenté dont la vicinalité est bien améliorée, mais laisse encore beaucoup à désirer, enfin pour conduire assez lestement leur maître à la ville voisine.

L'élevage et le commerce de jeunes chevaux, des pouliches a pris de l'extension, notamment : 1° dans la vallée du Serein, c'est-à-dire dans les cantons de Guillon et de l'Isle ; 2° dans le canton d'Avallon ; 3° dans les environs de Domecy-sur-Cure.

Les pouliches sont expédiées jusque dans les départements de la Lozère, du Cantal, de l'Aveyron et du Tarn, d'où nous viennent les mules.

Les poulains sont enlevés à l'âge de 18 mois par les marchands qui les emmènent dans l'arrondissement de Sens, où les cultivateurs les dressent et les gardent pendant deux ans environ, puis les vendent à leur tour aux marchands. Ceux-ci les transportent alors, dans le pays où ils savent qu'ils pourront convenir définitivement en raison de leurs forces et du service qui leur sera demandé.

La définition du mot améliorer par laquelle M. Riotte termine son étude relative à l'espèce chevaline est bonne et clairement formulée. Les élèves de l'école d'Annay se trouveront bien de la graver dans leur mémoire, car si elle est spécialement appliquée à l'amélioration de la race chevaline de l'Avallonnais, le principe qu'elle pose est le même pour les diverses espèces d'animaux. Les lois de l'hygiène, appropriées nécessairement aux différents milieux, aux différents climats, doivent être observées par tous les êtres animés.

Il est intéressant, Messieurs, de suivre sur la carte en relief, agricole et agronomique de M. Riotte, les détails que ses notices donnent sur ce qui touche particulièrement le territoire d'Annay. L'auteur lui-même a jugé utile d'y renvoyer et a mis quelquefois à la suite d'un paragraphe, d'un chapitre, une annotation à cet effet. Cette carte est complétée par une légende fournissant des renseignements géologiques, sans que ceux géographiques et autres, inscrits à leur place, aient besoin d'être surchargés.

L'établissement d'une carte en relief destinée à frapper les yeux, à montrer les dispositions d'une contrée, les vallées et les plateaux, les collines et les escarpements, les cours d'eau, les marais, etc., demande de l'habileté et de la précision. Il peut être d'un grand secours pour enseigner et apprendre (1).

Les réflexions de M. l'instituteur d'Annay-la-Côte sur la

(1) Rôles propres des cartes et des reliefs. — Pour nous résumer en deux mots, *la topographie d'un pays*, croyons-nous, *doit s'apprendre par les cartes; mais les conventions qui président à la construction des cartes en général demandent, pour être comprises vite et bien, l'auxilliaire des reliefs*. (La *Lecture*

protection due aux petits oiseaux, sont conformes aux notions vraies du rôle de ceux-ci dans la nature, aux idées les plus saines sur l'influence exercée par les habitudes premières de la vie, endurcissant le cœur de l'enfant, ou développant ses sentiments généreux.

Les pensées exprimées simplement par M. Riotte, sont bien faites pour émouvoir ses élèves et pour les animer d'un zèle bienfaisant. « Les oiseaux, leur dit-il, sont surnommés les amis de l'homme à cause des grands services qu'ils lui rendent en cherchant à détruire ses ennemis, qui sont : les chenilles, les vers, les insectes de tout genre.

« Avec un fusil le chasseur peut détruire le loup, le renard, le sanglier, etc., mais comment s'y prendre pour faire périr ces innombrables petits insectes qui sont répandus par millions sur la surface de la terre et dans l'athmosphère?.....

«..... L'enfant qui détruit les nids des oiseaux, qui massacre leurs petits, se livre à un acte cruel et barbare, car ces êtres sont organisés comme nous et ressentent le mal qu'on peut leur faire.

«..... Il est certain que celui qui s'habitue à maltraiter les oiseaux deviendra méchant envers ses semblables et aura de la peine à respecter la propriété d'autrui..... »

Nous savons tous, Messieurs, l'intérêt majeur qui se rattache à la conservation des oiseaux et nous sommes tous d'accord pour reconnaître la nécessité de lutter par des leçons telles que celle-ci, par des récompenses, par

des Plans et Cartes topographiques... par M. C. Muret, géomètre de la ville de Paris sous la direction de E. Levasseur, membre de l'Institut, p. 30, § 35; Ch. Delagrave, éditeur, 1873.)

les lois, contre l'entraînement que subissent les enfants et parfois les parents eux-mêmes.

Plusieurs instituteurs, témoins des désastres causés par les insectes nuisibles là où les oiseaux n'existent qu'en petit nombre, ont fondé dans leur école une société protectrice des oiseaux et des animaux domestiques. Quelques-uns d'entre eux ont songé, en même temps qu'ils nous adressaient des travaux, à nous communiquer les résultats qu'ils ont obtenus.

M. V.-A. Château, instituteur à Blannay, nous a adressé un cahier intitulé : *Conservation des oiseaux*, sur la première page duquel on lit, tout d'abord, l'aphorisme suivant : « L'oiseau peut vivre sans l'homme, mais « l'homme ne peut vivre sans l'oiseau. » Ce cahier est divisé en deux parties : la première est le résumé sommaire des bons conseils donnés à ses élèves par M. Château ; la seconde comprend les statuts de la Société protectrice des oiseaux de l'école de Blannay et le compte-rendu des effets satisfaisants de la surveillance exercée par les écoliers.

M. Gerbeau, instituteur à Tharoiseau, a créé dans son école, en 1878, d'accord avec le conseil municipal de sa commune, une société protectrice des animaux et des oiseaux utiles à l'agriculture. Il nous a fait parvenir, en même temps que la *Carte agronomique de l'arrondissement d'Avallon*, qu'il a dressée conformément à celle établie jadis par un éminent ingénieur, M. Belgrand, le registre où sont consignées les observations de jeunes sociétaires en 1878, 1879 et 1880.

Le blâme énergique mérité par un enfant cruel avec les animaux et consigné dans une colonne spéciale du registre, fait contraste avec les éloges donnés à ses camarades; il souligne l'un des effets de l'association des enfants : le développement des bons sentiments, d'une part; d'autre part, par la réprobation infligée à la brutalité.

M. Vitureau, instituteur à Beauvilliers, canton de Quarré-les-Tombes, a joint à son étude dite : *Race chevaline dans l'Avallonnais*, un exposé de son opinion favorable à la protection des oiseaux qui, dit-il, « sont les plus « puissants auxiliaires de l'homme dans les champs. » Son plaidoyer chaleureux est appuyé par l'énumération des nids dont les oiseaux, 1382 environ, se sont développés et envolés cette année, grâce à la surveillance exercée par les membres de la société protectrice des oiseaux organisée dans son école.

L'étude de ce qui a rapport à l'espèce chevaline intéresse l'Avallonnais. M. Vitureau a été dominé, en s'y attachant, par l'importance du sujet tant pour son canton que pour l'État. Il paraît s'être éclairé en recherchant des documents aux meilleures sources, afin de bien saisir, d'exposer les qualités que le cheval doit avoir, afin de reconnaître les traits distinctifs de la race du pays et d'en suivre les transformations. Son travail étendu est à la fois une relation de la topographie de l'Avallonnais, des anciens usages agricoles, et un traité élémentaire à l'usage des jeunes éleveurs et de leurs aides. Les enseignements techniques sont classés avec ordre dans cet écrit; ils y sont appliqués, fort à propos, à ce qui est possible dans la contrée en tenant compte du climat et des ressources que produit le sol.

Les travaux que nous possédons de MM. les Instituteurs

de l'Avallonnais sont, en général, complexes. M. Jay, instituteur à Girolles, a joint à son *État sur la situation agricole du canton d'Avallon* une *carte agricole du territoire de Girolles*. Son mémoire est composé de trois parties désignées, la première par le titre même de l'ouvrage, et chacune des deux autres par un seul mot : « Cheval. — Améliorations. »

Les Sociétés d'agriculture ont posé deux questions. M. Jay, avant d'y répondre, écrit dans un avant-propos : « La tâche n'est pas précisément facile, le travail va être « laborieux.... je m'arrête.... et me demande s'il n'y a « pas témérité pour moi à l'entreprendre. » Un peu plus loin, il se montre satisfait de l'innovation introduite dans l'arrondissement, de ce que les instituteurs sont convoqués à ce qu'il appelle « un tournoi pacifique dont le « résultat ne saurait être que profitable aux uns et aux « autres... »

Cette innovation, introduite en 1875 à Vermenton, dans le programme du Comice agricole et viticole de l'arrondissement d'Auxerre, adoptée depuis, en 1877, 1879 et 1880, à Auxerre, à Tonnerre, à Avallon, par la Société centrale d'agriculture du département de l'Yonne réunie aux Sociétés agricoles de ces arrondissements, a été bien accueillie partout.

Les programmes font appel aux instituteurs dont l'activité et les circonstances qui les environnent secondent l'essor de leur bon vouloir. Il est certain que l'exposé de la situation agricole et agronomique d'un canton ou simplement d'une commune exige, pour être exact, clair, judicieux, l'emploi d'un temps assez long, un esprit observateur et de la réflexion. Il est non moins vrai que la rédaction de cet exposé est l'occasion pour les auteurs d'études qui profitent à tout le monde, mais tout d'abord à ceux-ci et à leurs élèves. Les instituteurs reconnaissent eux-mêmes, pour la plupart, que l'enseignement agricole, c'est-à-dire l'*éducation agricole*, ne sera réellement donnée, ne portera des fruits que si l'instituteur connaît bien la topographie, les différentes natures de sol, les cultures et les usages à conserver ou à réformer de sa commune, et, de plus, ils sont tous assurés que les travaux qu'ils adressent aux Sociétés d'agriculture, à l'occasion des concours, sont reçus et examinés avec l'intérêt le plus attentif, le plus bienveillant.

Nous avons lu dans l'étude de M. Vitureau sur le cheval, que l'arrondissement d'Avallon est arrosé par des rivières et par des cours d'eau aux rives verdoyantes, encaissées par des collines fertiles, par des escarpements boisés, et que les collines principales sont celles de la Cure, du Cousin et du Trinquelin, enfin, du Serein. M. Jay se renferme dans les limites du canton d'Avallon, « très-accidenté et très-pittoresque, notamment dans la « partie sud, » situé au centre de l'arrondissement et traversé par le Cousin.

La partie sud de ce canton, au sol granitique et froid, est très-boisée et, en dehors des bois, essentiellement agricole. « Les coteaux qui limitent les vallées (partie « nord-ouest) sont couverts de magnifiques vignobles qui « sont la principale richesse des habitants de cette loca- « lité. » Les vins rouges, qui prédominent à Sermizelles, Girolles, Tharot, Annay-la-Côte, Étaules-Vassy, etc., sont estimés. Nous avons vu que le vin de la côte de Rouvre, à Annay, est très-particulièrement apprécié. La culture de la vigne est soignée, les façons sont suffisamment répétées; elles se font à la pioche, la charrue n'ayant, jusqu'à présent, été introduite qu'à Sermizelles. Le fumier, en quelques endroits, est réservé pour les vignes au détriment des terres, mais, malheureusement, on commence, par exemple, à Girolles, à remplacer les plans fins, le Pineau, par le Gamay.

La routine se maintient encore dans le canton d'Avallon, et cependant on trouve, çà et là, en parcourant ses 19,700 hectares, quelques bonnes fermes dont les produits s'écoulent aisément, surtout depuis que la ligne du chemin de fer de Cravant aux Laumes est ouverte. On compte, toutefois, plus de prairies naturelles et plus de terres utilisées en prairies artificielles qu'il y a dix ans; mais les blés sont médiocrement sarclés et la culture des légumes, entre autres de la carotte, si utile dans un pays où l'on élève des chevaux, est très-négligée.

Le chanvre, le colza, la navette ne sont cultivés que pour satisfaire les besoins locaux. Quant aux jardiniers fleuristes et maraîchers, vous connaissez, Messieurs, leur goût, ce qu'ils savent créer, par les magnifiques spécimens de l'exposition horticole, disposés avec art dans les gracieuses corbeilles du jardin anglais établi au milieu du cours, ou reposant sur des tables, sur des gradins préparés pour les recevoir.

Je ne reviendrai pas sur l'état précaire, il y a cinquante ans, de l'agriculture dans l'Avallonnais. Je passe la description de l'état d'autrefois et j'arrive à ce qui attire aujourd'hui l'attention lorsque l'on parcourt la contrée, à l'élevage du cheval. M. Jay s'en est particulièrement préoccupé; il ne nous entretient pas de l'espèce bovine, mais nous savons que la race charollaise prospère dans les pâturages du Morvan et que l'on en voit de beaux sujets croissant et s'engraissant dans les prés récemment créés sur le finage et à la porte même d'Avallon.

L'amélioration de la culture a eu sur les élèves de l'espèce chevaline une heureuse influence; l'avenir sera, nous n'en doutons pas, meilleur encore. Les sujets obtenus se ressentiront des soins donnés aux reproducteurs judicieusement choisis, d'une nourriture abondante, substantielle, d'un travail mieux calculé, servant au développemeut de leur force sans en mésuser. Le roulage n'existant plus qu'en souvenir, les routes sillonnant les montagnes étant bien entretenues, les conditions de logement, d'alimentation allant toujours en s'améliorant, **M. Jay** pense, après avoir consulté les personnes expérimentées et du métier, qu'il convient de modifier les types et d'entretenir des attelages ayant des allures plus rapides. Les avis sont partagés sur ce point : les uns poussent à l'élevage des races légères, les autres à celui des races fortement charpentées. Les éleveurs doivent consulter leurs ressources diverses, et, ensuite, choisir parmi les races recherchées par le commerce celle qu'ils sont à même d'amener à bien et de livrer à un prix rémunérateur.

L'élevage, l'entretien des animaux et la culture sont en rapports directs, sont liés, se servent mutuellement. Si les cultivateurs qui ont besoin des animaux se rendent compte, afin de les élever ou de les acquérir, s'ils ont les qualités requises pour rendre les services qu'on leur demandera, ils ont aussi intérêt à étudier la nature des terres composant leur exploitation, afin d'appliquer à chacune d'elles l'engrais nécessaire et les plantes qui leur conviennent.

Cette conclusion est suivie de la plainte que, comme tous ses collègues, formule l'instituteur de Girolles sur les mauvaises dispositions prises pour la conservation des engrais qu'on laisse se détériorer, sur la perte du purin.

Toutes les fois qu'une semblable négligence nous a été signalée, nous l'avons hautement blâmée; elle prive les terres, en pure perte, des éléments qui les fertilisent.

M. Vallué, instituteur à Tharot, commence ainsi son *Rapport sur la situation agricole de la commune de Tharot :*
« Je me suis borné à faire un rapport sur la situation
« agricole de la commune de Tharot, parce que, dans
« cette question seulement, j'étais à même de puiser à
« chaque instant auprès des propriétaires tous les ren-
« seignements qui m'étaient nécessaires. »

« Dans ce rapport, j'ai indiqué le plus exactement
« possible comment la culture est pratiquée; j'ai ensuite
« exposé les améliorations qu'il y aurait lieu d'y ap-
« porter... »

Il serait fâcheux, Messieurs, qu'il n'y eût pas dans chaque canton des instituteurs entreprenant de saisir l'ensemble du canton, mais il est heureux d'en rencontrer s'appliquant à bien connaître leur commune et pouvant, ainsi que l'a fait M. Vallué, fournir des renseignements détaillés et des appréciations appuyées sur des faits bien précis. Ce que dit cet instituteur dans son rapport, sobre quant à la rédaction et complet quant aux faits, prouve une fois de plus que la statistique agricole et agronomique communale relevée par les instituteurs sera pour eux un sujet d'étude profitable au point de vue de l'intérêt qu'ils pourront y prendre, de la distraction que leur procureront les bonnes relations avec les cultivateurs dont ils suivront les travaux et, aussi, au point de vue de l'enseignement agricole, *de l'éducation agricole* à donner aux enfants.

Nous connaissons le cadre de la première partie du rapport : « La seconde partie contient, dit M. Vallué, « l'explication des trois cartes que j'ai exposées ; j'ai « examiné la situation en 1838 et je l'ai comparée à « celle de 1880 ; puis, passant à la composition du sol, « j'ai établi les cultures qui conviendraient le mieux à « chaque terrain. »

Dans la carte n° 1, M. Vallué a reproduit le territoire d'après le cadastre, lors de sa formation en 1838, et a indiqué quelle était alors la division en cultures. Sur 228 hectares 30 centiares au total, on comptait :

Terres labourables . . .	146 h.	18 ares.
Chènevières.	5	12
Prés.	5	36
Vignes	34	98
Bois.	3	03
Jardins.	»	76
Friches.	24	51

Le morcellement était tel que le chiffre en est presque incroyable : 2,010 parcelles, soit, en moyenne, 11 ares 34 centiares. La partie en friches a diminué dans une bien faible proportion, celle des prés a augmenté de quelques hectares, et la partie en chènevières est à peu nulle. Le nombre des parcelles a peu varié.

La composition du sol est indiquée pour chaque climat sur la carte n° 2, avec la mention, dans un tableau, des climats qui pourraient être cultivés avec avantage en céréales, prés, vignes, bois.

« Enfin la carte n° 3 représente le territoire de Tharot « tel qu'il serait si les cultures étaient établies d'après « la composition du sol... »

Je reviens, Messieurs, à la première partie du rapport, — État de l'Agriculture dans la commune de Tharot, — dans laquelle M. Vallué se récuse pour la question concernant l'espèce chevaline et renvoie à l'ouvrage « sérieux « fait en 1863 par M Degoix, ancien vétérinaire à Aval- « lon, » ouvrage qu'il a à sa disposition et dont il a, avec raison, jugé inutile de nous envoyer simplement des extraits sans nous apprendre quelque chose de nouveau.

Le territoire de Tharot, reposant en partie sur les terrains de l'étage oolithique et de l'étage liasique, est généralement très-fertile; la culture y est faite avec assez d'intelligence et est, comme nous le savons, variée. Les vignes, les céréales, les plantes-racines, les prés, ont amené l'aisance chez tous les propriétaires. Ceux-ci achètent maintenant, de même que leurs voisins de Girolles, des machines à battre et des charrues mieux établies, par exemple, la charrue Boudin.

L'amélioration de l'agriculture sert les ménagères, les aide à entretenir une basse-cour bien garnie leur permettant de se rendre, le jeudi et le samedi, au marché d'Avallon pour y livrer des produits.

Le morcellement de la propriété est un obstacle à l'emploi des instruments divers perfectionnés autres que la charrue, mais il ne paraît pas nuire à l'ensemencement des terres en herbes artificielles, en légumes, en céréales. La moyenne du produit de celles-ci est satisfaisant, 18 hectolitres de blé à l'hectare; il faut dire que, en outre des façons, des engrais donnés à la terre, les sarclages sont exécutés avec soin en se servant du sarcloir, — et que, si l'on ignore ce que c'est qu'un assolement, on a cependant à peu près supprimé la jachère et traité le sol de telle sorte qu'il rapporte davantage.

Les habitants de Tharot créent des prairies naturelles et leur donnent des soins particuliers; ils étendent la culture des herbes artificielles et aussi celle des plantes sarclées dont l'étendue cultivée a, depuis dix ans, triplé.

La basse-cour qui, à Tharot, comme à Girolles et à Annay-la-Côte, procure des bénéfices à la ménagère, est alimentée par les cultivateurs. Les betteraves semées sur couches sont repiquées au mois de mai dans les terres argileuses ; les pommes de terre chardon, pour l'élevage, pour l'engraissement des porcs, sont cultivées sur une grande échelle; enfin, des terres sont ensemencées en avoine mélangée d'orge, spécialement à l'effet de nourrir la volaille.

Si le nombre des bœufs a diminué par suite de l'emploi des chevaux pour le service de l'agriculture, le nombre des bêtes à cornes, des vaches, n'en a pas moins considérablement augmenté depuis environ 15 ans. Le profit des vaches est journalier et rémunérateur, mais malheureusement on accorde peu de soins au bétail « tant sous le rapport du logement que sous celui de la propreté. » On ne devrait pourtant « pas oublier que plus un animal est logé sainement, plus il est tenu proprement, plus il engraisse vite et plus les bénéfices sont considérables. »

Les cultivateurs sont cependant laborieux, jaloux de la prospérité de ce qui leur appartient, attentifs à tirer parti de tout, et enclins à améliorer la source de leur aisance. Ils sont toutefois restés stationnaires en ce qui concerne les vignes, et ils ont bien fait ; si le plan de pineau donnant peu de raisins remplit moins la cuve, le vin qui sort de cette cuve est de bonne qualité et recherché.

Je n'énumérerai pas la série des améliorations souhaitées à la fin de son rapport par M. Vallué, ce serait trop long; elles ressortent implicitement de son exposé. Mais je ne puis passer sous silence scn vœu relatif à la comptabilité, à la tenue du livre journal, à l'aide duquel le cultivateur se rendra un compte exact de ses bénéfices et de ses pertes; celui par lequel il recommande de recueillir le purin, de l'utiliser, de donner des soins au fumier pour la conservation de ses principes fertilisants. Enfin, la pensée qu'il émet de remédier au morcellement en réunissant plusieurs parcelles par voie d'échange. Ces vœux, ces pensées, sont, Messieurs, d'accord avec les nôtres.

Le *Guide du voyageur à Vézelay, topographie, statistique, histoire de Vézelay*, par M. J. Sommet, instituteur dans cette ville, ne nous eut pas révélé l'esprit d'observation et de classification, la mémoire précise et la clarté d'exposition de son auteur, que la *Statistique agricole du canton de Vézelay*, les deux cahiers : *Tableaux synoptiques de botanique*, enfin, les *Spécimens de plantes* dè *l'herbier de l'école de Vezelay* présentés au concours, nous les feraient connaître.

La statistique agricole, les cahiers de botanique et l'herbier, méritent un article spécial; ils entrent dans le cadre de nos travaux et fourmillent de détails intéressants, utiles, bien définis, que, malheureusement,les limites de ce rapport, déjà très-étendues malgré ma réserve, ne me permettent pas de reproduire. Je mentionnerai donc simplement, pour ordre, les chapitres: XIV, XV et XVI, Agriculture, — Climat, — Voies de communications, du guide du voyageur à Vézelay.

La statistique agricole du canton de Vézelay est très-certainement l'une des plus complètes qui nous aient été communiquées; les faits énoncés dans quatorze chapitres y sont pressés et appuyés par des chiffres, par des tableaux récapitulatifs, ou, comme celui qui termine ce travail, comparatifs. Nous voyons dans le chapitre I, description du canton, la situation du canton, sa configuration : « Il touche, dit M. J. Sommet, aux confins du Nivernais et du Morvan. Les monts de ce pays s'y ramifient et donnent à son sol quelque chose de leur nature tourmentée, de sorte que le canton présente une suite de plateaux entrecoupés de vallons nombreux, mais peu larges. »

Ces plateaux, généralement peu élevés, sont compris dans une zone dont l'altitude varie entre 360 mètres (Gros-Mont, commune de Saint-Père), et 212 mètres (Lichères).

Le canton de Vézelay est limité à l'ouest par l'Yonne, à l'est par le Cousin ; il est arrosé par la Cure qui le traverse dans toute sa largeur et, qui, au-dessus de Vezelay, dans la contrée granitique, coule au fond d'une étroite vallée que son lit, en quelques endroits, occupe presque entièrement.

« Bon nombre de sources et de petits ruisseaux affluent « dans ces rivières après avoir fertilisé les terrains qu'ils « arrosent ; car les eaux du canton sont aussi bonnes à « boire qu'excellentes pour les prairies. »

« Les terres du canton sont généralement légères et « pierreuses sur les plateaux ; sablonneuses ou argileuses « dans les fonds. Les rampes participent des unes et des « autres. »

« Les cultures sont presque partout confinées sur les « plateaux, les fonds sont couverts de prairies et les

« pentes sont occupées par les vignes et par les bois. »

« Il n'y a pas dans le canton de culture spéciale : les « céréales, les prairies naturelles et artificielles y ont une « place proportionnée à l'étendue des exploitations. Les « farineux autres que les céréales, ainsi que les racines, « trouvent également leur place dans la rotation. »

« Le sol du canton est généralement bien cultivé.... « Au temps de Vauban, l'élection de Vézelay ne fournis- « sait qu'à grand'peine de quoi nourrir ses habitants... » tandis que « aujourd'hui la population de l'élection de « Vézelay a presque doublé, » et vit mieux. — Le pays produit de quoi suffire à l'alimentation de ses habitants.

Le canton de Vézelay est assez bien partagé sous le rapport des voies de communication nationales et vicinales ; les chemins ruraux assez nombreux y sont généralement négligés ; deux lignes de chemin de fer le desservent.

M. J. Sommet indique la nature du terrain de chacune des communes du canton, dont les territoires occupent une superficie de 25,078 hectares 95 ares 70 centiares.

A la suite de l'aperçu général du canton et des diverses natures du sol des communes, M. l'instituteur de Vézelay, entre dans un autre ordre d'exposition. Il fournit des détails sur la superficie du canton et sur celle de chaque commune, sur l'étendue occupée par chaque espèce de culture, sur la culture des céréales, des plantes potagères et maraichères, des plantes industrielles, etc., sur les vignes. — « Parmi les meilleurs crus du pays on cite « pour les vins rouges ceux de la côte de Sœuvres (com- « mune de Fontenay) ; des Creuses et du Clos, (sur « Vézelay) ; de Givry et de Foissy ; pour les vins blancs, « ceux de Nanchèvres (Saint-Père). »

La qualité des vins tend à diminuer dans le canton, « les propriétaires et les vignerons, préférant la quantité « à la qualité, remplaçent les vignes éteintes par de « jeunes plants qui produisent beaucoup et répondent « ainsi à leurs vues économiques. »

M. J. Sommet énumère en outre les frais de culture, le prix des journaliers, le taux auquel se vendent les différents produits du sol, des arbres fruitiers, etc., le rapport des vignes. Les détails sont tellement nombreux et précis, qu'il ne m'est pas possible d'en donner une analyse sans en omettre des renseignements importants.

Ce que je viens de dire s'applique également au chapitre VIII dans lequelle on lit les réflexions suivantes : « le fumier faisant la récolte, le bétail faisant le fumier, « toute richesse agricole réside donc dans le bétail. « L'agriculture la plus riche est, par conséquent, celle « qui nourrit le plus de bétail. »

Le canton de Vézelay, en raison de ses terrains secs et légers, des près peu abondants, ne saurait se prêter à la spéculation agricole de l'élevage; aussi, les cultivateurs, propriétaires et fermiers du canton, ne s'y livrent-ils que sur une très petite échelle.

Lès vaches laitières sont assez nombreuses dans le canton ; elles appartiennent la plupart aux races charollaise croisée et morvandelle croisée.

Les pages suivantes contiennent en ce qui concerne les espèces bovines, ovines, porcines, des chiffres précisant le revenu que procurent le lait, la toison, la chair de ces animaux.

La statistique agricole, dans le chapitre qui leur est consacré et dans le chapitre suivant, est comme ceux que nous venons de parcourir, précise sans aridité, attachante et instructive.

Cette étude — que vous lirez avec plaisir, avec fruit, — sur le canton de Vézelay, a porté M. J. Sommet « à « conclure, que ce canton a suivi l'impulsion donnée à « l'agriculture..., » que le terrain jadis en partie couvert de bois, de genêts, de ronces, etc., « est un terrain bien « cultivé, et qui, chaque année, se couvre de produits « divers et abondants, et fournit à la population de quoi « subsister et même s'enrichir. »

Il attribue ces résultats à la faveur méritée dont jouit l'agriculture vers laquelle se sont portés les esprits, à l'action des sociétés d'agriculture, et à l'enseignement agricole donné dans les écoles primaires, généralisant la pratique raisonnée des principes, des règles applicables aux diverses cultures.

Il voit avec satisfaction créer des musées scolaires, car leur installation dans les écoles aidera puissamment l'instituteur.... M. J. Sommet a donné un exemple utile en recueillant des plantes dans les champs afin de composer un herbier local, et en accompagnant ces plantes d'une notice, dans laquelle il inscrit leur nom, celui de leur famille, leurs caractères, leurs propriétés et leurs usages.

Je crois à propos et utile d'exprimer ici de nouveau, à l'occasion de la statistique agricole du canton de Vézelay, par M. J. Sommet, ce que j'ai dit après avoir analysé le rapport sur la situation agricole de la commune de Tharot, par M. Vallué : qu'il serait heureux que l'on recueillît avec soin, assidûment, les faits intéressant l'agriculture, et que l'on établît partout de semblables documents.

Les esprits les plus éclairés ont, depuis longtemps, insisté pour que l'enseignement agricole et aussi horticole soit donné dans les écoles primaires. La société des agriculteurs de France inscrit tous les ans dans le programme des prix qu'elle se propose de décerner aux instituteurs les plus méritants : qu'il sera tenu grandement compte de l'entretien du jardin, de l'enseignement horticole. Les sociétés d'agriculture cantonales et d'arrondissements, de même que la société centrale d'agriculture dans notre département de l'Yonne, ont, fréquemment, décerné des récompenses aux instituteurs, aux institutrices qui, dans leur école, ont su intéresser leurs élèves à la mise en rapport du jardin potager, à la taille et à la direction des arbres fruitiers.

L'enseignement agricole et horticole ne saurait être réservé seulement pour les garçons, car il est assurément, en province, une partie intégrante de l'enseignement de l'économie domestique ; on peut même affirmer que, dans les campagnes, il doit être plus qu'une partie intégrante, mais une partie essentielle de cet enseignement.

Cette pensée, généralement admise maintenant, est aussi celle qui se dégageait pour moi de la lecture que j'entendis faire, à l'une des réunions de la 10e section, enseignement agricole, de la Société des Agriculteurs de France, en février 1879, d'un passage de Mathieu de Dombasle, où cet éminent agriculteur préconise l'enseignement agricole et horticole pour les femmes (1).

L'opuscule de M. Sestre, instituteur à Thory, *Enseignement pratique de l'Horticulture*, sur lequel j'attire votre attention, est très-intéressant. La méthode suivie par cet

(1) Compte-rendu des travaux de la Société des agriculteurs de France, *Annuaire de* 1879, p. 434.

instituteur et les résultats remarquables qu'il a obtenus, qu'il relate, peuvent être très-utilement signalés aux personnes dirigeant soit des écoles primaires rurales de garçons, soit des écoles primaires rurales de filles.

Il serait nécessaire, selon M. Sestre, pour que l'enseignement de l'agriculture soit donné pratiquement dans les écoles, que l'instituteur pût suivre l'exécution d'une foule de travaux de la campagne, ce que ses courts loisirs ne lui permettent pas. Il en est autrement relativement au jardinage : l'instituteur a son jardin sous la main, et les jardins de ses élèves sont généralement à une faible distance de l'école; de plus, le jardinage entre parfaitement dans les goûts de l'enfant.

« On peut donc donner des leçons pratiques d'horticulture. »

Il y a peu d'années, à Thory, « le jardinage était « presque exclusivement abandonné aux femmes.... les « hommes, dont l'activité est continuellement réclamée « par la grosse culture, n'ont jamais su trouver d'ins- « tants pour cette occupation.... » aussi les produits, comme l'a constaté lui-même M. Sestre, « étaient loin de « suffire aux besoins de la population. Sur quatre-vingt « jardins environ que possède la commune de Thory, « vingt à peine fournissaient le nécessaire. C'étaient donc « soixante ménages qui étaient obligés de demander « souvent à la production étrangère ce qui leur man- « quait. »

En présence de cet état de choses, M. Sestre pensa que « l'intervention d'un enfant de douze ans pouvait être « utile dans les travaux du jardin, » en admettant, bien entendu, qu'il fût dirigé.

Partant de cette idée, il visita, afin de la réaliser, les

jardins de ses principaux élèves, et, en mars 1876, les labours étant exécutés, il donna son avis sur les dispositions à adopter selon l'étendue du terrain.

Après avoir fait fumer quelques planches, il se procura des graines qu'il distribua. Il fit des semis d'abord dans le jardin de l'école, en présence des enfants qui, après avoir reçu la leçon pratique, répétèrent la même opération dans les jardins appartenant à leurs parents.

Des promenades horticoles, c'est-à-dire des visites dans tous les jardins furent organisées, le soir, en dehors des heures de classes, une ou deux fois par semaine. Tous les enfants n'ayant pas eu le même succès, on donna des plants à ceux qui n'avaient pu en obtenir eux-mêmes.

Les semis d'été furent faits suivant le même procédé.
« Les grosses plantations, telles que pommes de terre,
« oignons, choux, etc., furent laissées aux parents cette
« année; mais on en confia tout le soin aux enfants; leur
« part fut : les arrosages, sarclages, binages, échenil-
« lages, et il y a lieu de dire que si tous n'eurent pas le
« même bonheur, tous du moins rivalisèrent de zèle
« pour accomplir la tâche qui leur était imposée. »

Le jardin de l'école servait de terme de comparaison.
« L'année se passa en semis, plantations, soins divers
« et visites. Chacun fut content : les enfants en voyant
« leurs efforts récompensés, et les parents parce qu'ils
« étaient utilement secondés. »

Il établit ainsi un lien entre l'instituteur, les parents et les enfants. Ce fut heureux pour tous, car en même temps que les enfants apprenaient à se rendre utiles, le sentiment de l'émulation, pour bien faire, se développait en eux. La classe devait être aussi mieux suivie.

« Engagés dans une pareille voie, dit encore M. Sestre, « nous ne pouvions pas en rester là; l'année suivante « nous reprîmes notre besogne avec le même entrain. Je « m'étais formé une sorte de calendrier horticole, et au « commencement de chaque mois j'expliquais, dans une « ou deux leçons théoriques, les travaux divers dont « nous nous occuperions; puis venait la leçon pratique « à laquelle assistait tout le groupe dans le jardin de « l'école d'abord, et dans les jardins particuliers ensuite.

« Depuis ce temps, nous avons suivi à peu près la « même marche, qui d'ailleurs donne des résultats sa- « tisfaisants; à nos cultures ordinaires, nous avons « ajouté quelques espèces, nouvelles pour le pays, de « pommes de terre, de haricots et de petits pois; les arti- « chauts, qui se trouvaient seulement dans un jardin, se « sont répandus, au grand plaisir des familles qui, jus- « qu'alors, considéraient ce produit comme de l'extra sur « leurs tables. »

L'instituteur de Thory se demande s'il a fait des jardiniers consommés de ses élèves et il répond que non ! Mais il a formé une génération qui se souviendra des notions horticoles qu'il leur a données.

Les instituteurs de l'Avallonnais, appelés particulièrement à prendre part au concours, ne sont pas venus seuls. Quelques instituteurs du département habitant des communes touchant à la limite des arrondissements d'Auxerre et d'Avallon, traversées par des voies ferrées communiquant avec cette dernière ville, ont exposé des mémoires, des cahiers, des cartes planes et en relief, qui furent remarqués et appréciés.

Ceux d'entre vous, Messieurs, qui ont visité Coulanges-sur-Yonne le 15 août dernier, ont vu ces mêmes travaux figurer au concours du Comice agricole et viticole de l'arrondissement d'Auxerre. J'ai rendu un compte détaillé de chacun d'eux dans le rapport adressé à ce Comice ; je crois cependant bon, tout en étant bref, d'en dire ici quelques mots.

M. E. Brunot, instituteur à Cheuilly, commune de Cravant, a produit : 1° la *Carte-agricole de la commune de Cravant*, qu'il avait exposée l'an dernier à Tonnerre, revue et corrigée en ce sens qu'il a délimité les sections cadastrales qui n'y étaient pas indiquées ; 2° la *Carte géologique-botanique de la commune de Cravant* (1) ; cette carte est au $\frac{1}{10.000}$; les mouvements du terrain y sont indiqués par une teinte nuancée faite à l'encre de Chine ; les teintes géologiques sont celles adoptées par MM. Raulin et Leymerie pour la carte géologique du département de l'Yonne ; enfin, les endroits où ont été trouvés les fossiles

(1) N'est-il pas à propos, à l'occasion de la carte *géologique-botanique* de la commune de Cravant, dressée par M. E. Brunot, et de la notice qui l'accompagne, de transcrire ici quelques lignes extraites du livre de M. Amédée Burat, ingénieur, professeur à l'École centrale des Arts et Manufactures : *Applications de la Géologie à l'Agriculture*, édition 1872, p. 5. On peut les présenter comme un argument concluant en faveur de l'établissement de cartes géologiques cantonales, et au besoin communales, à l'usage des écoles primaires. — « L'agriculture est une véritable exploi-« tation de la surface du sol, jusqu'aux profondeurs que peuvent « atteindre les racines des végétaux, y compris les roches du « sous-sol dont les propriétés physiques ou chimiques peuvent « réagir sur les fonctions de ces racines.

« Elle a besoin de connaître : les conditions de ces roches « relativement au régime superficiel ou souterrain des eaux plu-« viales ; le gisement des roches qui peuvent être répandues « comme amendements ou engrais. »

caractéristiques du sol, etc., sont marqués par un signe particulier, conventionnel ; 3° un *Essai d'une notice géologique-botanique sur la commune de Cravant.*

Les cartes dressées et présentées par M. E. Brunot sont un commencement d'exécution, par cet instituteur, de la pensée que j'ai émise de doter les écoles primaires rurales, en vue de l'enseignement agricole, des cartes suivantes, qui seraient établies à une grande échelle et à l'usage des écoles primaires, c'est-à-dire destinées à l'enseignement élémentaire : 1° la *Carte géographique-cadastrale et agricole communale;* 2° la *Carte agronomique-agrologique communale;* 3° la *Carte géologique cantonale*, et au besoin communale (1).

M. E. Brunot, dans sa notice, développe, en homme

(1) M. Heurley, ancien ingénieur en chef du cadastre, dans son mémoire *du Cadastre et de sa conservation*, qu'il a adressé, en 1878, au président du Congrès international des géomètres, dit en terminant les explications qu'il fournit sur l'idée et l'exécution d'un cadastre-terrier de la propriété foncière : « Mais ce document pourrait être complété très-avantageusement par certaines additions qui lui donneraient un caractère d'utilité plus générale, telles, par exemple, qu'un classement géologique du parcellaire et un nivellement général du sol.

« Dans le premier cas, ce classement serait une source féconde de renseignements utiles pour l'agriculture, les mines, les défrichements, reboisements, etc. Et dans le second, les services des ponts et chaussées, chemins de fer, vicinalité, génie militaire, etc... auraient une base toute préparée pour leurs études, tracés ou avant-projets, qui nécessitent aujourd'hui des travaux si longs, si dispendieux, et qui ne servent que pour la circonstance en vue de laquelle on les exécute. » (*Bulletin administratif et judiciaire, etc., à l'usage des Géomètres*, 2e série, t. X, p. 212. 1878.)

Cette pensée, exprimée par une personne ayant savoir et expé-

expert en l'art d'enseigner la pensée que j'ai exprimée, qu'il partage et dont il fait ressentir les effets, l'utilité pratique, en démontrant comment, dans son école, il se servirait de chacune de ces cartes pour intéresser ses élèves par la précision, par l'évidence de ses énonciations. M. l'Instituteur de Cheuilly s'est appliqué à l'étude de la botanique, il a chargé la carte géologique de renseignements concernant la botanique; il serait préférable, ainsi que je l'ai vu mis en pratique à l'exposition scolaire du concours régional de Vesoul, en 1877, d'établir une carte communale spéciale pour la botanique.

A la suite de l'introduction dans laquelle est traitée la question de l'enseignement à l'aide des cartes et est indiquée la méthode adoptée dans la notice complément de la carte *géologique-botanique*, M. Brunot divise son travail en deux parties.

Voici l'ordre et l'exposition des sujets :

I. *Géologie.* — 1° Aspect général. Dans ce paragraphe est décrite la topographie de la commune en parcourant, pour ainsi dire, pied à pied, les vallées, les collines, les sommets, les plateaux, les accidents du terrain, etc. — 2° Constitution géologique. Ce paragraphe commence par un tableau synoptique des terrains, puis par des détails sur chacun d'eux, et est terminé par un autre tableau dans lequel l'auteur montre les caractères paléontolo-

rience, démontrant quelles pourraient être les conséquences pratiques de la révision du cadastre largement conçue, est utile à la cause de l'enseignement agricole; elle me paraît être en corrélation avec l'idée, que sa mise à exécution permettrait de réaliser, de l'établissement des cartes de géographie, topographiques, agronomiques, géologiques, etc., communales ou cantonales, à l'usage des écoles primaires rurales.

giques et minéralogiques de chaque assise, ainsi que les endroits où il a recueilli les échantillons, puis les usages auxquels quelques-uns d'entre eux sont employés.

II. *Botanique.* — On trouve dans cette partie des notes bien présentées qui guideront sûrement les personnes qui se livreront dans la commune de Cravant à l'étude de la botanique. A la suite de ces notes, sorte de classement, vient un tableau récapitulatif des principales plantes croissant naturellement ou cultivées en grand dans la commune de Cravant, propres à un usage économique.

M. Brunot a soigneusement fait connaître qu'il a puisé des renseignements dans la *Statistique géologique* de l'Yonne de MM. Leymerie et Raulin, et, aussi, que les plantes portent, sur la carte géologique-botanique, les numéros de la *Flore de l'Yonne* de M. Ravin, qu'il a consultée. Ces numéros sont en noir; d'autres numéros indicateurs, tels que ceux des terrains, sont en jaune; ceux des roches, en rouge; ceux des fossiles, en bleu.

Nous ne saurions trop conseiller à MM. les Instituteurs qui font des travaux d'indiquer, ainsi que l'a fait M. E. Brunot, les sources où ils ont puisé, surtout lorsqu'ils ont cru, pour une cause ou pour une autre, utile de faire des extraits; loin de nuire à la valeur de leur travail, ils y ajouteront l'appoint de l'opinion, de l'autorité des auteurs qu'ils auront consultés ou cités.

Le cahier des *Promenades agricoles,* appartenant au jeune Ozanne Eugène, âgé de onze ans et demi, élève de l'école de Merry-sur-Yonne, dirigée par M. Sommet, était considéré comme un spécimen dont l'application n'offre pas de difficulté et ne peut être qu'avantageuse.

M. Sommet conduit ses élèves dans les champs, tantôt

dans une section du territoire, tantôt dans une autre. Il leur fait arpenter un climat ou lieu-dit, une partie d'un climat, une parcelle de terre. Il leur apprend à connaître les éléments composant le sol, le sous-sol; le traitement auquel on doit soumettre le sol ; les amendements et les engrais nécessaires pour fertiliser le sol ; enfin les plantes que le terrain peut produire, celles qu'il produira après avoir été amendé et fumé convenablement. Il habitue ses élèves à faire des recherches sur les feuilles du cadastre et à comparer leurs opérations, les contenances qu'ils ont trouvées avec celles constatées lors du cadastre.

Le cadre du programme de ces promenades agricoles est assez vaste pour que l'enseignement puisse être complété selon que les circonstances s'y prêteront.

La fin de ce cahier est consacrée à l'étude des insectes et des animaux nuisibles, enfin des oiseaux utiles.

L'instituteur de Mailly-la-Ville, M. Moreau Léon, dont la Société centrale d'agriculture de l'Yonne a distingué les travaux au concours d'Auxerre, en 1876, alors qu'il était instituteur à Vallan, a exposé à Avallon :

1° Une étude, *Du Reboisement des Terres incultes dans las cantons de Courson, Coulanges-sur-Yonne, Vermenton,* dans laquelle les personnes qui s'occupent de la création, de l'entretien des forêts puiseront des enseignements corroborés par des renseignements précieux. Elles y verront citées, avec leur résultat, les plantations de diverses essences effectuées dans différents terrains ; elles pourront, sur les indications précises, réunies et fournies par M. Moreau, s'éclairer en faisant une tournée intéressante et instructive.

« Je n'ai pas, dit M. Moreau, la prétention de donner

« un traité scientifique du reboisement... mon but est « d'indiquer les meilleures essences à employer; les « moyens pratiques, les moins coûteux, de mettre en « rapport les maigres terrains sans valeur pour le pro- « priétaire. »

« Pour arriver à ce but, je me suis aidé des travaux « qui traitent de la question, principalement de ceux de « M. Gallot, ancien inspecteur des forêts, à Auxerre; je « me suis autorisé des essais tentés par différents pro- « priétaires, notamment de ceux de M. Jeannez, pro- « priétaire à Vermenton, qui ont tous été couronnés de « succès. »

Les données recueillies et condensées par M. Moreau éviteront aux personnes intéressées à les connaître de dépenser, pour les trouver, un temps assez long, égal à celui que cet instituteur a dû employer à les rechercher et, ensuite, à les insérer méthodiquement dans son petit ouvrage.

2° Une *Notice agricole sur la commune de Mailly-la-Ville*, divisée en deux parties précédées d'un avant-propos.

Cette notice rend service même à son auteur, car il a dû, pour la rédiger, étudier tout ce qui intéresse l'agriculture dans sa commune : le sol, les cultures, les produits, les animaux, la production des engrais, etc., et, comme conséquence, les améliorations à introduire dans la culture. Celles-ci sont le sujet de la seconde partie de la notice.

Dans l'avant-propos, M. L. Moreau pose en principe que « c'est par l'école primaire que les connaissances « agricoles se propagent de plus en plus. » Il rappelle, en les appuyant de son expérience, mes vœux en faveur de l'établissement des cartes communales et cantonales, dont j'ai été amené à parler plus haut à l'occasion des travaux de M. E. Brunot, et en faveur, comme corollaire de ces cartes, de la statistique agricole et agronomique communale raisonnée.

3° Un cahier intitulé : *Résumé du Cours d'Agriculture, année 1879 à 1880*, rédigé par l'un des élèves, âgé de seize ans, du cours supérieur de l'école de Mailly-la-Ville. M. Moreau fait dans son école une application des notions agricoles générales aux circonstances locales. Ce cahier renferme deux cartes :

A. La carte *agricole* représentant l'état actuel des cultures, c'est-à-dire de l'emploi du territoire de Mailly-la-Ville par les agriculteurs.

B. La carte *agrologique communale* indiquant d'une manière générale, résumée, la nature du sol des différentes parties du territoire.

Enfin, un tableau en rapport avec la carte fait connaître, lieu-dit par lieu-dit, si la composition dominante du sol est argileuse, siliceuse, calcaire, ou humifère, mais n'indique pas, ce que M. Moreau se propose de déterminer exactement par des analyses successives, la quotité de chaque élément. Cette méthode est pratique, car, « pour raisonner sur les caractères agricoles d'un « sol quelconque, il faut en connaître la nature minéra- « logique (1). »

Il est fait après chaque partie du cours, et ainsi que je viens de le dire, une application immédiate de l'enseignement à ce qui peut intéresser les cultivateurs du pays.

4° La *carte agricole, en relief, de Vallan*, qui fut classée,

(1) D'Orbigny et A. Gente, *Géologie appliquée aux Arts et à l'Agriculture*, édition 1851, p. 443.

en 1878, lors de l'exposition scolaire d'Auxerre, au rang des travaux que l'Académie de l'Yonne se proposait d'envoyer à l'Exposition universelle à Paris.

5° La *carte en relief du canton de Vermenton*, dont la planimétrie est à l'échelle de $\frac{1}{40.000}$ et dont les hauteurs sont représentées à celle de $\frac{1}{10.000}$. Je ne puis mieux rendre l'impression causée par la vue de cette carte qu'en disant : M. Moreau a la main habile, un talent d'artiste pour modeler les cartes en relief, pour dessiner les cours d'eau, les chemins, les maisons, selon leur importance, enfin pour étendre les teintes conventionnelles et les nuancer là où les mouvements du sol, où les indications à faire ressortir en plus on en moins, le demandent.

Six cartes en relief ont été disposées, Messieurs, dans la salle consacrée à l'exposition scolaire, à côté des mémoires des instituteurs et des cahiers de classe des élèves; nous en avons déjà énuméré trois, qui sont :

La carte en relief agricole et agronomique de la commune d'Annay-la-Côte par l'instituteur de cette commune, M. Riotte;

La carte agricole, en relief, de Vallan, par M. Léon Moreau, instituteur à Vallan ;

La carte en relief du canton de Vermenton, par M. Léon Moreau, sus-nommé, maintenant instituteur à Mailly-la-Ville.

Les trois cartes en relief, dont ce rapport n'a pas encore fait mention, établies par des instituteurs du canton d'Avallon et du canton de Guillon, méritent aussi de fixer votre attention. Je suis l'ordre de leur inscription dans le programme :

La *Carte agricole, en relief, du canton d'Avallon,* par

M. Guillé, instituteur-adjoint dans une école communale d'Avallon;

La *Carte agricole, en relief, de la commune d'Avallon*, par M. Tarteret. instituteur à Thisy, canton de Guillon;

La *Carte en relief (agricole) de la commune de Montréal*, par l'instituteur de cette commune, M. Gautrot.

Pourquoi ne consignerais-je pas ici l'attention délicate de l'un des auteurs de ces cartes en relief, qui me fit remarquer, alors que je l'entretenais de son travail, la supériorité de la carte en relief du canton de Vermenton. Ce jeune instituteur attribuait au souvenir des leçons qu'il a reçues de M. Moreau, son ancien professeur, l'exactitude mathématique que lui-même pensait avoir obtenue.

Les cartes en relief cantonales, communales, établies à une échelle aussi élevée que l'étendue de la contrée à représenter le permettra, seront utiles pour l'enseignement de la géographie, pour enseigner à lire les cartes de l'état-major, pour l'enseignement agricole et pour la démonstration de notions qu'il importe à tout le monde de savoir.

Le titre d'une carte doit être en rapport avec le sujet qu'elle représente, car si les renseignements fournis ne répondent pas à ce que le titre invite à chercher, la personne qui lit cette carte est péniblement impressionnée. Il arrive cependant quelquefois que des cartes qui sont tout simplement la copie du plan d'ensemble du cadastre, ou bien encore la représentation à peu près topographique du territoire d'une commune avec l'indication des prés, des bois, des vignes, des terres arables, parfois des friches, des vergers, sont qualifiées du titre de cartes agronomiques. Il est essentiel de distinguer ce qui est :

cadastral ou relatif à la contenance, à la valeur, à la position des biens-fonds ; géographique ou descriptif du pays; agricole, ou se rapportant à l'agriculture, à la culture et aux productions du sol; géologique, ou ayant pour objet l'étude du globe terrestre, des différents terrains qui le composent; agrologique-agronomique, ou traitant de la couche superficielle du globe terrestre, des champs, des éléments minéralogiques du sol arable et du sous-sol, provenant de la décomposition des roches, de détritus animaux ou végétaux dont ils sont composés, et de ceux, physiques ou chimiques, qu'il conviendrait d'y ajouter.

Il me reste encore, Messieurs, à vous signaler des *musées scolaires* en formation, dont l'organisation sera améliorée.

Celui dont la création paraît la plus avancée appartient à l'école d'Avallon. M. Roy, instituteur-adjoint, se préoccupe de le compléter. Ce petit musée possède déjà une série de minéraux et de fossiles provenant des environs d'Avallon, quelques réductions d'instruments agricoles et un certain nombre de dessins exécutés par des élèves, reproduisant des machines et des instruments agricoles,

Vient ensuite le musée scolaire de l'école de Vassy composé de minéraux de diverses provenances, d'un certain nombre d'objets étiquetés et d'un tableau scolaire dessiné par l'élève Coint Eugène et représentant des plantes médicinales. M. Marsigny, instituteur à Vassy, a exposé avec ce tableau, avec son musée scolaire, le cahier d'agriculture, résumé des leçons de l'année scolaire 1879-1880, appartenant à l'un de ses élèves, Montcourant Hubert, âgé de douze ans. La méthode suivie, d'après ce cahier, par l'instituteur de Vassy, consiste à indiquer clairement, par une série de questions, le sujet de la leçon, puis à donner des explications qui, dans ce cahier, sont inscrites à la suite des questions, mais précédées de ce mot : développement.

Les leçons de choses, c'est-à-dire, les leçons faites à l'aide d'objets servant à la démonstration, parlant aux yeux, sont de plus en plus en vogue, il est reconnu qu'elles enlèvent à la tâche du maître et à celle de l'élève leur aridité ; les succès qui leur sont dus sont incontestables. C'est pourquoi la Société centrale d'agriculture de l'Yonne (1), le Comice agricole et viticole de l'arrondissement d'Auxerre et, à peu près à la même époque, la 10e section, — enseignement agricole, — de la Société des agriculteurs de France, ont émis des vœux en faveur de l'établissement de musées agricoles cantonaux.

Je me suis associé à ces vœux en pensant toutefois que l'on devait, tout d'abord, encourager avec empressement, avec insistance, la création de petits musées scolaires, de *collections locales* dans les écoles primaires.

La meilleure méthode pour réussir, en ceci comme en bien d'autres choses, est, selon que l'exprime *ex-professo* M. E. Brunot dans l'introduction de sa notice géologique, de passer « du connu à l'inconnu, » de l'analyse à la synthèse, de ne pas négliger ce que l'on a pour ainsi dire sous la main.

Les collections locales agricoles, scolaires, présentent des avantages sérieux : elles sont à la disposition d'un plus grand nombre de personnes que ne peuvent l'être

(1) *Bulletin de la Société centrale d'Agriculture de l'Yonne* 1878, rapport de M. A. Savatier-Laroche, p. 23 et suiv.

les musées cantonaux, et d'un usage journalier; elles contribueront largement, par le don ou par l'échange des échantillons qu'elles auront en double, à l'établissement de ceux-ci.

Pour que les musées scolaires rendent les services que l'on attend de leur création, il est nécessaire que chacun des objets exposés soit accompagné d'une légende explicative concise mais explicite, afin que les enfants et les visiteurs puissent apprendre, s'ils ne le savent pas, le nom, le genre, l'espèce, l'origine, l'usage de ce qu'ils regardent. — Je me souviens d'avoir vu, dans l'une des salles de l'exposition scolaire au concours régional, à Vesoul (1), les élèves d'une école arrêtés devant les vitrines renfermant la collection des insectes recueillis et classés par M. Henri Miot, de Semur. Ils lisaient les légendes, se communiquaient leurs réflexions et s'instruisaient mutuellement. — Si les insectes avaient été classés dans ces vitrines à l'instar des objets rangés, sans indication, dans la plupart des musées scolaires que j'ai eu l'occasion d'examiner en détail, sans avoir, au-dessous de chacun d'eux ou de chaque groupe, une légende nominative et qualificative, les enfants eussent éprouvé

(1) *Bulletin de la Société centrale d'Agriculture de l'Yonne :* une Tournée agricole, p. 144 et suiv., année 1877. — *Bulletin de la Société des Agriculteurs de France :* Insectes auxiliaires et insectes utiles, p. 376 et suiv. 15 novembre 1877. — Le jury de l'exposition des insectes, à Paris, en 1880, a accordé à M. H. Miot l'*abeille d'honneur* de la section des insectes en général, la plus haute distinction dont il dispose dans chaque section. (Voir le savant et très-intéressant rapport de M. Maurice Girard, docteur ès-sciences naturelles, sur les collections d'entomologie appliquée exposées par M. Henri Miot. *Bulletin de la Société des Agriculteurs de France*, année 1880, p. 375 et suiv.)

une déception et se seraient éloignés, assurément sans profit, d'une exposition n'ayant pas pour eux tout l'attrait désirable.

Je termine ce rapport, Messieurs, en exprimant la conviction qui nous est commune, que l'*éducation agricole* donnée aux enfants qui fréquentent les écoles primaires rurales sera un immense bienfait pour le pays; en disant, ainsi que je le fis dans la séance générale tenue le 22 février 1879 par la Société des agriculteurs de France, « que l'enseignement agricole n'est pas exclusif; que les études agricoles, à tous les degrés, sont un complément d'instruction qui, pour être sérieux, veut être encadré par des connaissances diverses solidement acquises (1). »

En parlant ainsi, Messieurs, je traduisais la pensée qui nous animait tous, qui était pour nous — ce qu'elle est toujours — un axiome que nous nous efforcions alors, comme maintenant, de vulgariser.

(1) Compte-rendu des travaux de la Société des agriculteurs de France, *Annuaire* 1879, p. 232 et suiv.

Nota. Nous trouvons une pensée identique développée dans un article récemment publié par la *Revue d'Économie rurale* et reproduit par la *Bourgogne agricole*, n° 38, année 1880, sous le titre suivant : Le Savoir agricole.

www.ingramcontent.com/pod-product-compliance
Lightning Source LLC
LaVergne TN
LVHW050452160826

845677LV00003B/748

* 9 7 8 2 3 2 9 6 7 2 1 2 0 *